河海使者
淞江鲈

ROUGHSKIN SCULPIN

王金秋　罗武松　夏建宏　编著

上海科技教育出版社

中国大鲵

岩羊

震旦鸦雀

中国珍稀物种探秘丛书

主　编：王小明

副主编：李　伟

扬子鳄

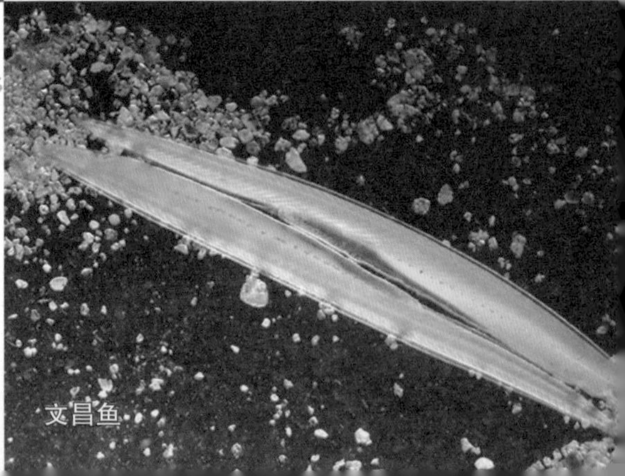

文昌鱼

朱鹮

藏狐

项目支持：

上海科普教育发展基金会

上海科技馆

淞江鲈

大熊猫

金丝猴

总序

国家“十二五”规划建议明确了“深入实施科教兴国战略和人才强国战略，加快建设创新型国家”的要求，并提出要“推动文化大发展大繁荣，提升国家文化软实力”的方针。为了弘扬科学精神、推进科学传播，提升公众的科学素养，《中国珍稀物种探秘丛书》第一部《两栖之王——中国大鲵》出版了。这套丛书凝聚了众多优秀科学家的最新研究成果，体现了各级领导的关怀和社会各界的支持。谨此，我代表上海科技馆理事会和上海科普教育发展基金会，对系列丛书的出版表示热烈的祝贺。

中国是一个拥有丰富动植物资源的国家，以大熊猫、金丝猴、朱鹮、扬子鳄、中国大鲵和中华鲟为代表的特有珍稀物种繁衍于中华大地，见证了自然历史和人类文明的变迁。了解这些物种生存的历史和现状，探索人类与自然共存的基本法则，唤起人们热爱自然、保护自然、促进人与自然和谐相处的意识，这是我们科学工作者的责任和义务。

本系列丛书的主编王小明教授是我国著名的动物学家。在他的指导下，上海科技馆科普工作者们与工作在各领域的科学家紧密合作，通过细致入微的观察、探究、考证，用朴实、充满情趣的写作风格，为我们展现了不同物种的栖息环境和特有的生物学知识。作品还探究了不同物种与中国历史、文化的渊源，将科学普及与文化传播结合起来，既丰富了内容，又增添了可读性。

《中国珍稀物种探秘丛书》与《中国珍稀物种》系列科普纪录片，是依托不同传播媒介的姐妹作品。纪录片《中国大鲵》在上海电视台播出后，得到了广大群众的好评和喜爱。我相信，在此基础上推出的系列丛书第一部《两栖之王——中国大鲵》，将会进一步增进公众对该物种的认知，并为后续推出扬子鳄、岩羊、震旦鸦雀等纪录片和图书，打下良好的开局。

上海科技馆的科普工作者和相关领域的学者、专家对本系列丛书和科普纪录片的创作，为激励科普研发、培养科普人才和探索科普文化产业发展途径树立了一个典范。推动文化发展、提升国家文化软实力任重而道远，我相信本系列丛书和纪录片的创作将成为众多科学家和公众参与的科普教育平台。

本系列丛书和纪录片的出版，不仅得到上海科技馆和上海科普教育发展基金会的支持，更得到了上海市科学技术委员会、华东师范大学、中国科学院昆明动物研究所等相关政府部门和社会多方面的鼎力支持。我衷心希望有更多的政府部门和社会各界对科普教育事业和科普文化产品的研发给予关注和支持。随着本系列丛书的出版，也预祝有更多的后续科普项目能早日策划和实施。

左焕琛

●全国政协常委 ●上海科技馆理事长 ●上海科普教育发展基金会理事长

2010年12月

本书序

科学与人文就像一枚硬币的正反面，彼此依存形成一个完整的个体，而淞江鲈的科学与人文，共同组成了关于这一物种的完整的历史遗产，流传至今，历久弥新。从《搜神记》记载的“左慈钓鲈”到《晋书》析出的“莼鲈之思”的典故，再到南宋诗人范成大“除却松江到处无”的名句，从仅限满足人类口腹之欲的食材，到吴地文化的借代，淞江鲈具备了文化符号的涵义。通过现代生物学的理性解读，淞江鲈正变得可知，面目也日益清晰。该鱼具有河海洄游习性，孵化后迁入淡水河流或湖泊生长、育肥，成熟后又返回浅海繁殖。虽说淞江鲈并非仅限分布于上海，但上海的简称“沪”缘自曾经用于捕捉淞江鲈的渔具“扈”，淞江鲈由此与上海结下了不解之缘。最近30年来，水利设施的兴建、河流污染的蔓延，影响了淞江鲈的迁移和栖息，该鱼的身影从此淡出了上海人的视线。1988年，淞江鲈被列入国家二级保护动物名录。直到研究人员突破了淞江鲈人工繁殖的技术瓶颈，这种鱼才再度唤醒了上海人的记忆。

真正的科普作品，应该是深得下去，又浅得出来。《河海使者——淞江鲈》延续了《中国珍稀物种探秘丛书》的传统，即科研与科普齐头并进、相得益彰。本书的三位作者都有鱼类学研究的工作经历与背景，其中两位来自复旦大学，长期工作在科研的第一线，对淞江鲈的认识不仅广泛，而且深入，另一位作者则长期从事动物科普工作。有了这样的一种科普创作组合，我相信本书能够较好地把淞江鲈这一物种的内涵、特性恰到好处地发掘出来，并希望能够得到读者们的认可。这几位作者同时参与了科普纪录片《松江鲈鱼》的创作，该纪录片以影视的形式表现了淞江鲈的生活与环境。纪录片《松江鲈鱼》与本图书互为姊妹科普作品，以各自的优势服务淞江鲈及关心它的人们。海阔凭鱼跃，我更乐见志趣相投而又各怀技能的人们能够在科学教育这一广阔天地里尽情施展自己的才华。

对于淞江鲈的保护事业而言，单有科研这一源头活水依然不够，还需借力科普宣传。科研工作当如溯河生长的淞江鲈，力争上游，图求发展；科普工作又当如降海繁殖的淞江鲈，顺流而下，绵延久远。如此周而复始，可保生生不息！

汤汤吴淞江，悠悠苏州河，既是文化之河，也是生命之河，淞江鲈置身其中，自然更是“如鱼得水”。然而，淞江鲈之于吴淞江畔大上海，其故事却颇具戏剧性：该鱼“发迹”于斯，一度又匿迹于斯，而后又回归于斯。回想“莼鲈之思”的典故，要把淞江鲈与故乡上海分开确实很难，也不应该。但若真想把“根”留住，以致年年有“鱼”，还需社会各界从不同的角度和领域贯通淞江鲈的“生命通道”，而其中最重要的，莫过于洄游通道的畅通。

王小明

●中国动物学会副理事长 ●华东师范大学终身教授 ●上海科技馆馆长

2015年7月于上海

淞江鲈（*Trachidermus fasciatus* Heckel, 1840），隶属于硬骨鱼类中的辐鳍亚纲（Actinopterygii），鲉形目（Scorpaeniformes），杜父鱼科（Cottidae），淞江鲈属（*Trachidermus*）。于1840年由赫克尔（Heckel）发现并命名。

河海使者（夏建宏供图）

解读它的中文名称，还着实要费一番周折，它同被称为“上海之根”的松江，同上海的一条河——吴淞江，即苏州河，息息相关。追溯起来，淞江鲈可理解为吴淞江的鲈鱼，而就是这条江，历史上亦被称为松江[1]，所以，又有松江鲈之称呼。若只因这条江的名称而得名松江鲈或许还不够，今日的松江区，曾经的松江县，再早时的江南松江府，恰是松江鲈名称的另一种解读。历史文献和传说中大量记载了松江城外，秀野桥下，松江鲈格外肥美，尤为繁盛。古往今来，传诵至今，松江鲈也就和这个地方合为一体，成为松江的经典符号。而松江被称为上海之根，是上海的发源地，所以松江鲈也就成为上海这座城市的一张亮丽而独特的名片。本书中，我们选用学术界普遍使用的淞江鲈这个名称。

在民间，淞江鲈还有着多种多样的别名，比如尼克松鱼、老虎鱼、媳妇鱼或者花鼓鱼，等等。在上海地区，人们更愿意将其称作“四鳃鲈”。这些名称的由来，大多与它的外形长相、脾气秉性、历史故事和传说有关，这也就使得“淞江鲈”这个概念超出了一个物种本身的内涵，承载了厚重的历史，蕴含着丰富的文化。

目录

第一章　淞江鲈之习性

第一节　淞江鲈的长相

淞江鲈通体前部平扁状，中部接近圆筒形，向后部逐渐变细。头大，宽而平扁；口宽大，端位；吻宽而圆钝，上颌稍长，上颌骨伸达眼睛后缘下方；眼小，上侧位；鳃孔宽大，鳃膜连接于颊部；前鳃盖骨具4棘，上棘最大，棘端钩状上弯，第二及第三棘斜向下方，第四棘向前。

成体体型不大，全长一般在13~18厘米，成鱼体重一般在30 ~ 60克，也有60 ~ 80克的个体，自然种群中最大个体体重一般不超过100克，在人工条件下，当年成体有雄体125克、雌体147克的纪录。淞江鲈雌雄异形，在生殖季节明显可辨。雌性个体因卵的发育占据了腹腔大部分空间，身体两侧明显向外膨胀，呈椭圆形；雄性身体则不膨胀，呈梭形。

淞江鲈通体灰黑色，成年期渐变为黄褐色，特别是繁殖期体色格外鲜艳，其鳃盖、鳍基布满橘红色。体侧具有5~6条灰黑色横纹，鳃膜和臀鳍基底具有橘红色条纹。尾鳍、臀鳍、背鳍和胸鳍均具有褐色斑点，背鳍鳍棘前部具一黑色大斑，腹鳍白色。吻侧、眼下均有暗色条纹。

淞江鲈又名“四鳃鲈”，之所以有此别名，是因为其独特的鳃上结构。淞江鲈两侧颊部鳃孔前各有一呈鳃状的凹陷，与鳃孔的形状相似。凹陷在生殖季节呈橘红色，与真鳃孔颜色一样，乍看起来，犹如两侧共有四个鳃孔。有关四鳃的解释，还有另外一个版本，有人认为原本用于遮盖鳃弓的鳃褶因为其橘红的颜色看起来像多出一个鳃裂，橘色的条纹就像鳃裂中的鳃弓裸露在外面，每侧真假鳃各一，两侧相加就有四个“鳃”，故名“四鳃鲈”。

图 1-1 雌雄异形(王金秋供图)

图 1-2　假四鳃（王金秋供图）

其实，淞江鲈和其他大多数鱼类一样，仅有两鳃，另两个似鳃结构，内外不通并无鳃的功能，即为假鳃。

幼年淞江鲈鳃膜的颜色并无独特之处，与皮肤颜色浑然一体。然而，每年9月份天气转凉后，淞江鲈便开始大量摄取食物，个体进入快速生长发育时期。这时候，其鳃的外侧也开始慢慢变成橘红色，鲜艳夺目，成为淞江鲈一个非常典型的特征。

知识驿站

吕洞宾朱砂点“四鳃”

关于淞江鲈四鳃的来源，上海松江民间流传着一段有趣的神话故事。传说八仙中的吕洞宾，一次下凡到松江秀野桥旁饭馆喝酒。餐桌上有一盘塘鳢鱼，他吃得津津有味，但总觉得腥味太重、肉质太粗，就问店主这叫何鱼。店主如实相告，但吕洞宾不罢休，还是想见见活鱼。于是店主从后厨用盘子托了6条活鱼出来，吕洞宾一看觉得此鱼好生丑陋，便一时兴起，要来了一支毛笔和一碟朱砂，饱醮笔端，往鱼的两颊上描了橘红色条纹，又在两鳃的鳃孔前各画一个红色鳃状物。他将鱼买下后，放生在秀野桥下的沈泾塘里。这6条被吕洞宾放生的塘鳢鱼转眼变成了四鳃鲈，成为松江四鳃鲈的始祖。由于吕洞宾的点化，松江四鳃鲈变得十分俏丽，全身裸露无鳞，皮肤光滑，腹部灰白，背呈橘黄，鳃孔前又有一对假鳃，非常惹人喜爱。其肉也变得无腥味，且细白肥嫩，鲜香味美。其生命力也比一般鱼类强。从此，松江四鳃鲈被人们奉为松江的精灵、江南的宝物，关于“吕洞宾朱砂点四鳃”的传说也就家喻户晓了。

那么，淞江鲈鳃膜上的橘红色、橘黄色是怎么形成的呢？

鱼类的体色和斑纹是由鱼体色素细胞的多少、分布的区域、色素细胞内色素颗粒的状态以及虹彩细胞中反光体的反光能力强弱等决定的。硬骨鱼类的色素细胞分为黑色素细胞、红色素细胞、黄色素细胞和虹彩细胞。不同种类的色素细胞其形态结构、色素、色素颗粒、色素色都不一样。鱼类的体色经常会随生长发育及环境的改变而变化，其变化包括形态学体色变化和生理学体色变化。影响鱼类体色变化的外部因素包括食物、光照等，其中食物里面的类胡萝卜素和维生素起着尤其重要的作用[2~4]。

成年淞江鲈体表色彩多呈橘红色、橘黄色。从已有的对鱼类色素细胞和体色调控的研究推断，与其呈色相关的主要是红色素细胞和黄色素细胞，其物

图 1-3 淞江鲈的鳃(崔滢供图)

质基础都是喋啶和类胡萝卜素，色素颗粒都是喋啶颗粒和类胡萝卜素小泡，色素分别是红色—橙色、黄色—橙色。喋啶可在鱼体内合成，而类胡萝卜素则不能在鱼体内合成，必须从食物中获得。淞江鲈喜食甲壳动物，特别是河流中的虾，而虾往往含有丰富的虾青素，虾青素的主要成分就是红色类胡萝卜素。通过摄食大量的虾类，淞江鲈为其体色的变化积累了丰富的物质基础。淞江鲈鳃的颜色变化属于形态学体色变化，鳃一旦变成红色后便不会褪去，直至生命结束。

淞江鲈的鳃在秋季后便转为橘红色或橘黄色等鲜艳亮丽的颜色，这是其适应环境、生物进化的结果。这类颜色具备婚姻色和警戒色的功能。

婚姻色是指鱼在繁殖期间呈现出与平时不同的艳丽色彩，以增强同类鱼雌雄之间的吸引力，促进种群内个体的繁殖。淞江鲈体色的这种艳丽色彩可视为一种婚姻色。随着幼鱼逐渐长大成熟，它们的鳃膜部位首先会变橘红，接着胸鳍和腹鳍的基部也会变橘红。淞江鲈的这些体色变化是其发育至成年期的一个外表特征，对淞江鲈的种内个体相互吸引和交配有一定的生物学意义。在淞江鲈的繁殖场，我们会发现与淞江鲈长相相近的鰕虎鱼，它们的生活习性与淞江鲈类似，都是底栖穴居产卵的小型鱼类，经常会干扰淞江鲈的繁殖。也许繁殖期间雌雄淞江鲈配对时，通过橘红色的鳃很容易将非同种鱼区分开，以减少繁殖期间的误配，从而保证种群正常的生殖能力。淞江鲈鳃膜颜色的变化，也是其区别于其他鱼类的一个显著特征。

警戒色是指某些有恶臭和毒刺的动物所具有的鲜艳色彩和斑纹，这是动物在进化过程中形成的。它可以让敌害识别，等于向它们发出警告：不要来惹我！如毒蛾的幼虫，多数都具有鲜艳的色彩和花纹，如果被鸟类吞食，其毒毛会刺伤它的口腔黏膜，这种毒蛾幼虫的色彩就成为它的警戒色。尽管淞江鲈没有恶臭，也没有毒，但它的头部有两个倒钩，其他肉食性捕食者吃了淞江鲈以后，这种倒钩会破坏它们的消化

图 1-4　钩状鳃盖棘(崔滢供图)

道，引起消化道发炎，甚至导致死亡。因此，淞江鲈长大后的天敌生物很少，其鲜艳夺目的橘红色鳃可以被认为具有警戒色的功能。淞江鲈成年以后，随着鳃两侧橘红色条纹的出现，呼吸时张合晃动的橘红色变得耀眼夺目，使淞江鲈看上去十分凶猛，以此警告其他具有不轨企图的肉食性捕食者。

在日常生活中，人们往往会混淆这样两种事物：一是名字相近的，二是长相相似的。根据淞江鲈的名称和外形特征，因名字相近而易于与花鲈（即鲈鱼）混淆，因长相相似而易于与沙塘鳢和杜父鱼混淆。其实，如果将它们的特征和习性进行归纳对比，就会发现它们还是有许多不同之处的，并不难辨别（见表1-1）。

表 1-1　淞江鲈与花鲈、沙塘鳢、杜父鱼的区别

名称	淞江鲈	花鲈	沙塘鳢	杜父鱼
分类地位	鲉形目	鲈形目	鲈形目	鲉形目
体型	头部平扁	侧扁	圆筒状	头部平扁
体重	30~60克	1000克以上	50~150克	25~50克
全长	13~17厘米	30厘米以上	13~17厘米	10~15厘米
腹部特征	白色无斑点	/	有斑点	有斑点
鳃上特征	鳃膜为橘红色，鳃盖上骨棘刺弯成钩状	无	无	无
生活环境	海淡水洄游	海洋与河口水域	淡水水域	淡水水域
中国分布区域	渤海、黄海和东海及与之相通的河流水域	沿海广泛分布	全国广泛分布	北方淡水水域

由于淞江鲈的学名中有个“鲈”字，人们很容易将其与一般的市售花鲈相混淆。花鲈(*Lateolabrax japonicus*)是人们日常生活中接触较多的一种鱼，又称为鲈鱼。事实上，两种鱼形态上的差别是非常大的，市售花鲈身体侧扁，成体全长一般在几十厘米，体重数千克，而淞江鲈身体前部平扁，成体体长一般十几厘米，体重仅数十克。两种鱼的颜色差别也很大，花鲈体侧银白色，背部暗绿色，体侧上方及背鳍鳍膜具黑色小点，而淞江鲈体黄褐色，吻侧、眼下、眼间隔和头侧具有暗色条纹，体侧具有4~5条暗褐色斑纹。在分类学上，花鲈属于鲈形目，淞江鲈属于鲉形目，这种“目”水平的差异，可谓“差之千里”。

沙塘鳢(*Odontobutis obscurus*)是与淞江鲈最易混淆的一个物种。其个头与淞江鲈差不多，口上位宽大，头大而宽，稍平扁，身体粗壮，前部圆筒形，后部侧扁，体呈黑青色，体侧具有宽而不整齐的黑色斑块。沙塘鳢也是淡水底栖鱼类，在中国内河河流中广泛分布，

图 1-5　淞江鲈(王金秋供图)

图 1-6　花鲈(王金秋供图)

图 1-7　沙塘鳢(王金秋供图)

图 1-8　杜父鱼(王金秋供图)

在野外经常被误认为淞江鲈。沙塘鳢与淞江鲈的差别在于:沙塘鳢的腹面有黑色斑点,而淞江鲈的腹面洁净;成体淞江鲈鳃膜上具有橘色斜纹,前鳃盖上骨棘刺弯成钩状,而沙塘鳢无上述特征。其中,成体鳃膜上橘色斜纹的有无是这两种鱼最易观察的区别特征。

杜父鱼(*Cottiusculus schmidti*)与淞江鲈算得上近亲,同属杜父鱼科。杜父鱼也是一种小型底栖鱼类,一般分布于北方淡水水域,如黑龙江和图们江水系,长相与淞江鲈非常相似。差别也在于淞江鲈鳃膜上具有橘色斜纹,而杜父鱼则没有。如此看来,鳃膜上的橘色斜纹确实应该成为淞江鲈的“招牌”特征。

第二节　淞江鲈的脾气

淞江鲈，民间俗称老虎鱼。仔细斟酌，这样称呼它是有一定道理的，它的一些特性确实有老虎的影子。比如，它在自然生态系统中处于食物链的顶级位置，它的种群有社会等级分化，它是凶猛的肉食动物，等等。此外，淞江鲈有此称谓可能还同它颇为“任性”的脾气有关，以下就择其典型者介绍一二。

首先，淞江鲈具有自相残杀的习性。这一习性的发现，还要从一次严重的科研记录误会说起。在人工养殖池中，科技工作者们夜以继日地陪伴着淞江鲈的成长，仔细地记录着它们的生长、发育情况，其中种群的成活率是科学记载的重要指标数据。在苗种培育时期，管理者每天都要仔细观察鱼苗的存活情况，并将死去的个体收集、计数，记录在案。可是，到了清理全池统计数据时，实际存活的数据总是和记录的数据对不上，这引起了大家对记录者工作准确性的质疑，而被质疑者则当然要辩解，以表清白。多次争辩，仍无法找到

图 1-9　同类相残（王金秋供图）

图 1-10　幼苗阶段的“霸王鱼”和“侏儒鱼”(崔滢供图)

误差来源的合理解释。疑惑之中，大家把注意力逐渐转移到了池中发生的真实情况。

为了找到鱼数不符的原因，现场工作人员可谓煞费苦心，日夜守候在池边，唯恐漏掉丝毫有用的线索。功夫不负苦心人，谜底终于在一场斗殴大战中被解开。一天，工作人员在观察时发现，有两尾鱼展开了厮杀，一尾张开大口，从口端死死地咬住另一尾，并可见不断吞食的行为，两尾一体，时而在水中翻滚，时而在池底或物体上停留，久久相持不下，最后，两尾鱼双双死于非命。

这一行为使得悬而不决的数据记录疑惑有了合理的解释。莫非，少去的鱼是被同胞吃掉了？之后的观察证实了这一判断。在鱼苗鱼种培育期间，淞江鲈个体间的自相残杀时有发生，两者争斗的结果与个体的大小关系密切。若个体相差悬殊，小个体方被大个体方吞食；若个体相差无几，谁都无法战胜对方，便两败俱伤，双双殒命。这样双方争斗的情景有时会持续一天甚至更长时间。

观察发现，淞江鲈的自相残杀行为可以分为索饵吞食、雄性争斗等情形。

索饵吞食行为多发生在鱼苗培育时期。在淞江鲈的种群中，有明显的社会等级的分化，主要从其个体大小的分化可明显辨析。在一个种群中，总有一些个体生长速度大于其他个体，大个体具有捕食其他小个体的有利条件。以吞食同族为生的个体，迅速长大，体重和全长都会远远大于其他个体。当大个体生长到其口径可以吞下小个体时，悲剧便常常发生。大个体会张开大嘴，将小个体从头整个吞下，只留下短短的尾巴在外面。当然这也存在两败俱伤的风险，因为淞江鲈的头部长有两个弯钩，大个体吞食小个体的同时，小个体头上的弯钩也会伤害大个体，而且造成大个体消化不良，有时也会导致死亡。在人工养殖条件下，淞江鲈种群内会出现一些极端例子，即在同一生存环境下，“霸王鱼”和“侏儒鱼”之间的体重居然相差数十倍之多。

此外，在产卵池中，科技工作者还

图 1-11　同池生长，却大小悬殊（王金秋供图）

会看到每年都会上演的令人触目惊心的场景——雄性间的争斗。和上述吞食行为相同的是，争斗双方中的一方咬住另一方的口端，死死不放，时而在水层中上下翻滚，时而在池底或者物体上停歇；不同的是，一方无法吞食掉另一方，只能相持后松口。松开后，战胜者体色逐渐变得鲜艳，体力也变强，得到雌性的青睐和雄性的敬畏；而失败者则体色逐渐变得暗淡，体力衰弱，最后抑郁而死。

除了自相残杀，淞江鲈还有护卵吃卵的习性。有一年，淞江鲈终于产卵了，大家奔走相告，并请来主管部门的领导前来检查、验收。可是，囧事发生了：当大家云集在池边，准备一饱眼福时，却怎么也找不到产出的卵块，一片质疑声中，科技人员只好向客人们表达歉意。

客人走后，科技人员找来剪刀和镊子，将几尾可疑的淞江鲈剖开肚子仔细查看，结果发现鱼腹中竟然躺着一粒粒鱼卵。大家又是喜又是忧，喜的是失踪的鱼卵找到了，忧的是可贵的鱼卵竟然被鱼儿自己饱了口福。淞江鲈为何会自食其卵呢？这一疑惑调动了科技人员探寻其中奥秘的好奇心，关于鱼卵失踪案的调查开始了。

观察和研究发现，淞江鲈产卵季

图 1-12　雄性争斗（王金秋供图）

节，雄鱼可谓是很有担当，除了寻找鱼巢，布置婚房外，还负责看护受精卵，管理孵化过程，职责可谓神圣。在看护期间，它们会不断地将质量差的卵清理掉，包括死卵、未受精的卵，亦或是孵化过程中变坏的卵，清理的办法之一便是吃掉它们，所以，便发生了前面鱼卵失踪的一幕。

说起来，这也是一种大丈夫的担当。卵不好就把它消灭掉，吃了它，这样既保护了好卵不受坏卵的感染，又能充饥，获得营养，真是一举多得。可见，护卵、吃卵便是淞江鲈与生俱来的习性。

图 1-13 雄鱼护卵（罗武松供图）

第三节　淞江鲈的习惯

说到淞江鲈的习惯，还倒有些与众不同，它是一种暖温带底栖、小型、肉食、洄游的鱼类。就生存策略而言，它的每一种习惯都带有多多少少的独特性。

淞江鲈有昼伏夜出的习惯，像个夜猫子，白天躲在掩蔽物中，悄无声息，如果你来到养殖池旁，你会觉得仿佛没有鱼的存在。可是，到了夜间，它们便不再温文尔雅，纷纷游出洞穴和掩体，开始活动和觅食。

作为底栖动物，淞江鲈还必须依赖于栖息地底部的掩蔽物。在自然界水域中这些掩蔽物或是石头缝隙，或是贝壳间隙，或是水草深处，或是其他可以藏身的物体。在白天，躲避是淞江鲈的最佳行为选择，在这些掩蔽物旁，会观察到淞江鲈之诡秘身影，它们似乎有点羞羞答答。或可见其半掩半露的头部，两只小眼睛十分闪亮；或可见其轻轻摇摆的尾部，透露出一副好不自在的神情；或在有较大干扰时可见其从一处快速游到另一处，那间歇性的游泳，如同射箭一般，有时嗖的一下，也许就不知其去处了。

夜间的出游就大方多了，淞江鲈可以直接上窜到水的表层，追逐饵料或者嬉戏，全然不需要有遮挡之物了。所以，夜间轻轻来到其栖息处，可以观察到它的好多行为。

淞江鲈还有洄游的习惯，一生要经历两次洄游，因此它的一生一大部分时光都是在旅行中度过的。它在浅海出生，洄游至江河湖泊长大，长大后又回到浅海结婚生子，倒真是“少小离家老大回”，这种到海中繁殖的洄游叫做降海洄游。

春季的洄游主体是小鱼苗，它们破

图 1-14　达到生殖洄游规格的淞江鲈(崔滢供图)

膜而出后，先是在出生地逗留，熟悉环境，并使身体慢慢积攒体力，之后集群，一起游向河口，边游边摄食，这过程中身体逐渐长大，变得强壮起来。到河口后，选择好上溯河流路线，便激流勇进，一往无前，成群结队游向河流。进入河流的鱼群，或是在河流的缓流区聚集生活，或是通过河流游至湖泊中度夏。一般情况下，洄游来到内河水系的淞江鲈群体会占据较大的分布区域，这可能是由于它们喜欢占地盘且食量较大，需要大面积的水域饵料基础才能满足它们的生存与生长需求的缘故。

秋冬季的洄游主体是成鱼队伍，它们先是从内河水系的各自居住地起身、集群，集体朝着河口的方向移动。在游动过程中，群越集越大，形成鱼汛，这是从前在自然水域捕捉淞江鲈的最好时机。现在淞江鲈作为国家二级保护动物，按照法律规定其野生个体是禁止捕捉的。

洄游至河口的淞江鲈鱼群，朝着浅海岩礁水域游去，那里曾是它们的出生地，现在它们结伴回归，是要完成宗族使命，即繁衍后代。这样的洄游，一般称之为生殖洄游，洄游的目的地也就是繁殖场。淞江鲈的生殖洄游先遣队是雄性，雄性总是先于雌性到达繁殖场，寻找适宜产卵的地方，为雌性的到来和繁殖后代作好准备。

图 1-15　模拟河海洄游的设施(罗武松供图)

第二章　淞江鲈之居所

第一节　浅海湿地居所

淞江鲈是一种善于旅行的物种，它的居住地从浅海到河口，从河口到河流，从河流到湖泊池塘等，一生寿命虽短，却经历了各种类型的生态系统。在中国，从北方的渤海海域到华东的黄海、东海海域，以及与之相通的淡水水域，都是它的栖身之地、居住之所。了解这些栖息地是了解淞江鲈的重要手段。历史上，长江口的淞江鲈种群最为繁盛，最为闻名，也最具代表性，就让我们跟随这个种群来看看淞江鲈居住的家园是怎样一番风景！

浅海湿地是淞江鲈完成其生命周期非常重要的繁殖和栖息场所。为了完成传宗接代的使命，每年年底，大批的淞江鲈成鱼都将洄游至此，婚配产子、抚育幼苗。所以，浅海湿地是淞江鲈的繁育场和托儿所。

浅海湿地的范围很广，指深度在200米内的海域。浅海湿地被视为海洋的表层，这里阳光比较充足，是绿色植物生长的适宜区域。大量的微生物和浮游植物生长在此区域，它们是海洋生态系统的初级生产力，是牧食食物链的第一个环节，海洋中的动物则以它们为食物。

中国浅海幅员广阔，以杭州湾为界可分为不同的形态，杭州湾以北的浅海沿岸多为沙质和淤泥质海滩（除辽东半岛、山东半岛的部分地区为岩石性海滩外），杭州湾以南的浅海沿岸以岩石性海滩为主。浅海沿岸受到物理、化学和生物等多种因子的强烈影响，是一个具有较高的生态多样性的生态边缘区，具有类型丰富的生境资源。生境的多样性孕育了生物的多样性，这里往往植物生长茂盛，潮间带无脊椎动物特别丰富，浅水区域水生动物种类繁多，为栖

图 2-1　蛎牙礁全貌(夏建宏供图)

息于此的鸟类和鱼类提供了丰富的食物来源和良好的栖息场所,因而这里往往成为大量珍禽的栖息地和过境地,成为许多鱼类的繁殖场。

长江口淞江鲈的繁殖场分布在杭州湾及其以北的浅海沿岸,一般位于浅海中距离河口区不远的浅海湿地。由于淞江鲈是穴居性水生动物,产卵在洞穴中完成,因而其产卵场一般分布有大量贝类或礁石,特别是牡蛎礁。产卵场受到潮汐影响较大,其水深、压强、温度等随着潮汐的变化而发生周期性的改变。

长江口淞江鲈种群选择栖居和产卵的浅海湿地包括江浙沪两省一市辖区的部分水域,其中蛎牙礁是我国迄今为止唯一一个被调查过的淞江鲈繁育场。

蛎牙礁地处南黄海沿岸,位于江苏省海门市东灶港东南约4千米。调查发现[5]，该产卵场位于潮间带，由牡蛎壳堆积而成，潮涨时被海水淹没，退潮时便露出水面。牡蛎壳凹凸不平，重叠堆积形成许多洞穴，淞江鲈就钻入这些洞穴中交配繁殖。在淞江鲈的繁殖季节，浅海产卵场的温度已经非常低，一般均在4℃以下。在整个孵化期间，温度可上升为14~15℃。同期，淞江鲈繁殖场的盐度也会有一定的变化，蛎牙礁繁殖场的盐度在满潮时可以达到30‰~32‰。

图 2-2　蛎牙礁繁殖场局部(王金秋供图)

第二节　河口湿地居所

河口是淞江鲈一生中两度洄游行为的必经之地，所以，河口湿地生境状况对于淞江鲈完成生命周期就显得十分重要。

在春季溯河洄游时期，离开出生地的小鱼苗，在潮汐等水流助力下，向长江口河口地区聚集。3月出生的鱼苗经过数十天的漂游便到了长江口河口，在这里停歇、摄食、玩耍、寻找溯河通道，适应渐渐变淡的水环境，作好进入淡水的准备。它们以这里的枝角类、桡足类、虾蟹的幼体等为食物，在不断迁移过程中快速生长，逐渐由浮游生活转至底栖生活，体质也逐渐强健起来，有足够的力气逆流而上，进入河流之中。溯河洄游的淞江鲈在这里度过它们的童年，这里可谓淞江鲈的幼儿园。

在秋冬降海洄游时期，成群结队的淞江鲈从江河湖泊匆匆聚集，再次来到长江口，在此驻足，又一次领略逐渐变得宽阔的河口水域，适应不断增加的盐度，静心辨析出生地的气息，确保自己不至于走错了回乡的路，并且吸收更多的碘等性成熟必需的元素和营养，快速成熟起来。在这个季节，它们最喜爱的食物虾类正是成熟丰收的季节，在这里它们终日饱食，生长十分迅速，长江口河口也就成了它们捕食的竞技场所。它们在这里完成繁育前生长的最后准备，积累足够的营养物质，游向浅海繁衍生息。所以，这里又是淞江鲈走向成年的竞技场和加油站。

河口湿地是河流与海洋在河流的入海处交汇时相互作用而形成的，这种相互作用包括淤积、沉淀、冲刷、断流等，使得河口湿地处于不断变化的过程中。河口湿地是陆地、河流与海洋相互作用的集中地带，它融合了淡水生态系统、海水生态系统和半咸水生态系统，是一个非常复杂的水域生态系统复合体。河口湿地的地形地貌和沉积物理化性质呈现多样化。水的深度和盐度在时空上的多变，使得河口湿地的生境类型十分丰富，具有较高的生物多样性，为许多生物提供了栖息和繁殖场所。

长江口淞江鲈种群所栖息的河口区即长江口湿地，是中国第一大河的入海口。长江口幅员广阔，拥有丰富的湿地资源，是长江流域生物多样性最丰富、生产力最高和最具生态价值的自然景观类型之一。长江口湿地包括沿江沿海湿地和河口沙洲岛屿湿地。沿江沿海湿地主要分布于长江口南岸和杭州湾北部，以南汇边滩湿地为主。河口沙洲岛屿湿地主要是分布于长江口的一些离岛沙洲，如露出水面的崇明岛、长兴岛、横沙岛、

图 2-3　青龙河栖息地(罗武松供图)

图 2-4 上海的河流湿地(上海科技馆供图)

九段沙、青草沙等,还有未露出水面的扁担沙、中央沙、铜沙等。崇明岛、长兴岛和横沙岛大部分已经被人类开发利用,仅在横沙岛的海堤外缘还保留一些天然湿地。长江口湿地涉及许多重要的保护区,如崇明东滩鸟类保护区、九段沙湿地自然保护区和长江口中华鲟自然保护区。这些保护区,除了保护典型的河口湿地生态系统外,还有效地保护了栖息在其中的珍稀鸟类如丹顶鹤、白鹤、天鹅等,以及濒危水生动物如中华鲟、江豚、淞江鲈等。

长江淡水的流动带来了丰富的营养物质,随着其汇入海洋,为浮游生物的培养提供了十分有利的条件。浮游生物是许多水生动物的饵料,这一丰富的天然饵料养育了大量的鱼类、虾类、蟹类和贝类等,淞江鲈便是其中之一。

第三节　河湖湿地居所

淞江鲈在内河水系的典型栖居地主要是吴淞江水系，到了内河水系，最为出名的一个淞江鲈逗留场所就是秀野桥畔的湿地了。

吴淞江，一条孕育了吴越文化的母亲河，与淞江鲈有着深厚的渊源。

吴淞江是长江入海前的最后一条支流，其源头为太湖瓜泾口，经吴江、苏州、昆山进入上海，流经青浦、嘉定等区穿过上海市区，于外白渡桥注入黄浦

知识驿站

吴淞江名称解析

吴淞江，古名“松江”，因流域在春秋时期的吴国境内，故称之为“吴松江”。该河是从太湖通至上海的一条主要航道，自古以来对太湖的排水和上海的城市经济发展起着重要作用。

古代松江为河流的名字，即现在的吴淞江（上海段为苏州河），是古代太湖重要的排涝通道和重要的航运通道。现在的松江为地名，一般指的是上海市松江区。

松江之名源于何时？史无定论。据查最早的出处是《水经》，其卷二“沔水”条下云：南江又东北为长渎，历河口东则松江出焉，江水奇分，谓之三江口。吴淞江古名松江，亦称松陵江，又称笠泽江。吴松江之名，始见于《陈书·侯瑱传》：“与景战于吴松江”。松陵江和笠泽江见于唐陆广微《吴地记》：“松江一名松陵，又名笠泽也。”至北宋时，在郏宜的《水利书》中仍称松江，然亦并用吴淞江之名，此后的水利记载，遂多称吴淞江。至1916年以后始习称苏州河，它原指上海市区内一段，后乃沿用为全河之通称。

江，是黄浦江最大的支流。之后黄浦江进入长江，但其入江口仍叫吴淞口。

吴淞江全长125千米，上海境内河段被称为苏州河，长度54千米，平均河宽40~50米，总流域面积为855平方千米。吴淞江是中等感潮河流，潮流界在嘉定区黄渡，潮区界在青浦区赵屯。河口（黄浦公园站）多年平均高潮位3.12米，多年平均潮差1.83米；北新泾多年平均高潮位2.78米，多年平均潮差0.72米，历年最高潮位4.14米（1928年9月16日）。平原感潮河流流速很慢，一般为0.1~0.2米/秒，最高位潮时流速也只达到0.58米/秒。这一状况决定了它具有天然的弱质，倘若受到污染，极易遗留长期的影响[6]。

近代工业的兴起促进了上海的发展，给吴淞江上海段的苏州河造成了污染。在半封建半殖民地时期的中国，上海的工业规模十分有限，苏州河的污染尚未达到极致。新中国成立后，大规模工业化和城市化的发展使苏州河沿岸的工业厂房更加密集，人口更加集中。20世纪70年代苏州河全部遭到污染，成为黄浦江的重要污染源之一。进入80年代后，苏州河的黑臭日益严重，不

图 2-5　吴淞江的发源地——太湖瓜泾口（夏建宏供图）

知识驿站

松江轶事与淞(松)江鲈

现在的松江在古代属于松江府区域，是上海的历史文化之根，有“先有松江府，后有上海滩”之说。松江府地区最早出现的城池大概是南武城。据《汉书·地理志》和《越绝书》记载，春秋末吴王阖闾始筑南武城，也称“郫城”、“鸿城”，其位置大约在今闵行区纪王镇西南。唐天宝十年(751年)，置华亭县。元至元十四年(1277年)，华亭县升府，次年改称松江府。松江府地区曾先后隶属吴郡(治苏州)、秀州(今嘉兴)、南直隶、江苏省、上海市。松江府的地域在今上海苏州河以南地区，松江府的府治(衙门)在今上海市松江区中山街道松江二中附近。

现在的上海市松江区位于上海市西南部。该区位于黄浦江上游，东与闵行区、奉贤区为邻，南、西南与金山区交界，西、北与青浦区接壤。松江区区境南北长约24千米，东西宽约25千米，总面积605.64平方千米。现在的上海松江古称华亭，别称有云间、茸城、谷水等，是江南著名的鱼米之乡[7]。

众所周知，上海简称为“沪”，别称“申”。但是为何有这两种称呼，很多人不一定清楚。约6000年前现在的上海西部形成陆地，约2000年前现在的上海东部形成陆地。相传在春秋战国时代，这里曾经是楚国春申君的封邑，故称“申”。申地有条大河叫“淞江”，很多老百姓以捕鱼为生，渔民总结多年捕鱼经验，用竹子编制了一种叫“扈”的捕鱼工具。这种工具捕鱼十分有效，逐渐成为这里的人们赖以生存的最主要的劳动工具之一，于是吴淞江下游的这个河段被称为“滬瀆”，“滬”这个地名便由此而来，而“沪”则是“滬”的简体字。

松江的汤汤水域曾给了淞江鲈一方温柔之乡，松江人称它为“四鳃鲈”，历来把它视为松地一宝，因而淞江鲈披上了绣着金光灿灿的“松江”二字的锦袍，登上了学术舞台，走向世界，让松江名声远播。

但严重影响两岸居民的生活质量，而且使得曾经栖息于此的淞江鲈也绝迹了。

为了还苏州河以清澈，上海市市政府1998年批准了《苏州河环境综合整治方案》，拉开了全面整治苏州河的序幕，直到现在，整治工作依然在进行。令人欣慰的是，苏州河已经“复活”，河水变清，鱼虾重现，生态系统初步恢复[8]。

我们期望不久的将来淞江鲈在苏州河中重现。

“松江城外，秀野桥下，四鳃鲈鱼，名满天下！”通过这首朗朗上口的松江民谣，我们可以得知淞江鲈在松江的秀野桥下曾经名满天下，松江秀野桥下独特的生境养育了世间最为肥美的淞江鲈。

据《松江府志》中记载，淞江鲈原先生长在松江县城西的长桥一带，由于河道年久失修，逐渐淤塞，淞江鲈便迁往西首秀野桥下。

位于松江中山西路的古桥秀野桥，横跨沈泾塘，东西走向，为松江府外西大街（今中山西路）的重要桥梁。据明正德《松江府志》记载：秀野桥始建于元代，为木质结构，在明代洪武年间由木结构桥改建为石拱桥。它与邻近的秀塘桥成犄角相望，再加上西南的秀南桥，合称为“三秀桥”。秀野桥就像大姐姐似的挽着两个小妹妹的手，合围着桥下沈泾塘、市河、黄祥港这一汪流水，犹如共同怀揣水底四鳃鲈这个精灵宝贝似的，所以这“三秀桥”就比其他的过河桥似乎多了一分灵秀。

秀野桥地处松江城西部商贸重地，商店林立，人烟辐辏。由于经济发达，桥畔及河边全用石头驳岸。这些石驳岸经历了长年水浸洪蚀，勾缝驳落，所形成的大大小小的石缝，便是天然的洞穴和迷宫，是淞江鲈最喜欢的栖身之所，可谓淞江鲈的“城池公寓”。

秀野桥畔湿地属黄浦江水系，当黄浦江来潮时，桥下沈泾塘、油墩港、大涨泾三水汇集，潮流汇冲，流急而漩多。这是淞江鲈喜欢的流水水文环境，可谓淞江鲈的冲浪浴场。

在秀野桥畔繁华的商贸活动之中，米市最为繁盛，不免有许多米粒、麸糠等掉入河中，加之集市饭铺的残羹剩饭倾倒水中，给水域增加了许多食物，养育了水中各种小生物，如轮虫、水蚤、蚬子、米虾、青虾、鳑鲏、肉匙鱼，而这些鱼虾均是淞江鲈喜欢的美食，这里可谓淞江鲈的天然自助餐馆。

淞江鲈洄游群体从东海历经长江口，游过大江小河，长途跋涉来到秀野桥下水域。它们先选择适合自己的“城池公寓”，住进去稍事休整，以保持体力；日落时分，它们游出“城池公寓”，在激流漩涡中玩着冲浪，并仔细打量新住所的环境；到了夜里，在昏暗之中，它们又一展捕猎身手，贪婪地吞吃着丰盛的美味佳肴，当东方天际泛起曙光时，才心满意足地返回“城池公寓”，边做梦边催肥[9]。

这样日复一日，秀野桥下的淞江鲈过得好不自在，在无忧无虑的生活中，身体快速肥硕起来。这一近似古老而又美丽的童话般的生活经历，就造就了“秀野桥下鲈鱼美”的经典诗句，故“秀野桥四鳃鲈”自古以来为松江名特产。

图 2-6　今日的松江秀野桥（夏建宏供图）

第三章 淞江鲈之饮食

第一节 挑剔的食谱

淞江鲈的食物组成还算丰富，一生中需要摄食十几种饵料生物，是一种典型的食荤不食素的鱼类。它的一生擅长狩猎，被它盯上的小动物们便是难逃一劫。

不同发育期的淞江鲈其食物对象有所不同。初孵幼苗阶段的主要食物为海洋浮游动物，如桡足类、枝角类；仔稚鱼阶段的主要食物包括糠虾、钩虾等小型甲壳动物，兼食小型鱼类；成体阶段主要摄食各种虾类和小型鱼类，偶尔也摄食水生昆虫。在人工养殖模式下对投喂鰕虎鱼苗和其他水花鱼苗的观察，也证实了淞江鲈有摄食鱼苗的习性。

据观察分析，4月，自然界中与淞江鲈共同生活的浮游生物主要是桡足类，其优势种为纺锤水蚤、哲水蚤、宽水蚤等，淞江鲈的食物主要为哲水蚤。在钩虾与桡足类共存的水体中，即使优势种为钩虾，淞江鲈的食物仍主要为哲水蚤。可见，淞江鲈对哲水蚤是明显的选食性摄食。到了5月，桡足类种群数量急剧下降，钩虾逐渐变成优势种，这时糠虾数量开始上升，淞江鲈的主食仍不是钩虾，而是选择摄食与钩虾大小相近的糠虾。观察发现，钩虾的运动能力较糠虾强，淞江鲈选择摄食糠虾，可能是由于捕食糠虾能节省较多能量的缘故，这也符合“最佳摄食理论”。5~6月，淞江鲈便可洄游到淡水水域。5~11月，淡水中的小鱼、小虾、昆虫幼虫等是淞江鲈旺盛生长的重要营养来源。

上述观察表明，在自然界中，淞江鲈的猎物具有明显的时间演替现象，但并非意味着哪种猎物多淞江鲈就取食哪一种，也就是说淞江鲈吃食是十分挑剔的。

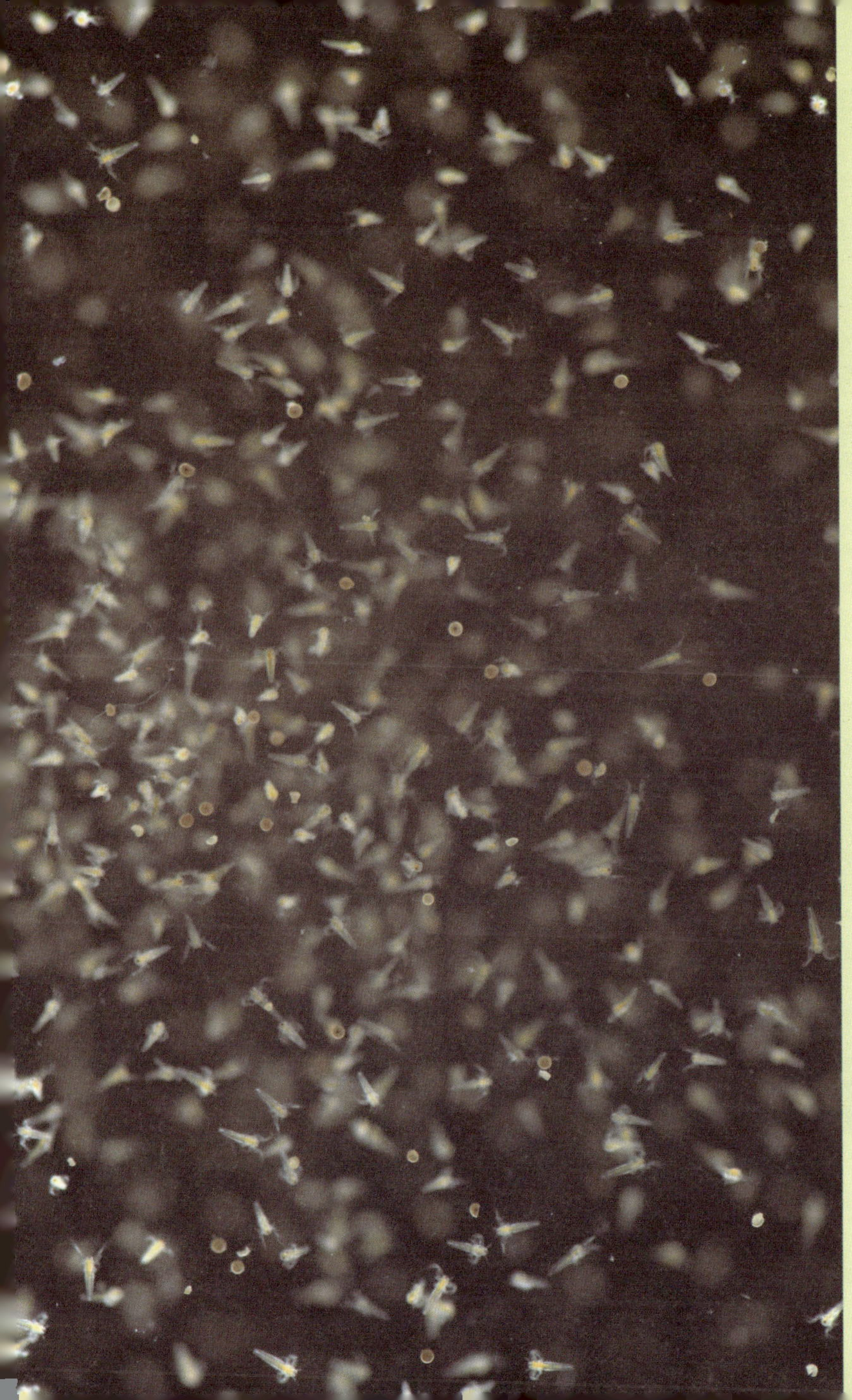

图 3-1　卤虫幼体——淞江鲈幼苗阶段的饵料（崔滢供图）

图 3-2　枝角类是淞江鲈幼苗的喜食饵料(上海科技馆供图)

图 3-3　一种枝角类的特写(上海科技馆供图)

淞江鲈胚后发育早期选择的食物，包括枝角类、桡足类、糠虾、小鱼等，能够很好地满足淞江鲈的营养需求。桡足类的营养最为丰富、全面；糠虾盐度适应范围广，营养价值较高，蛋白质接近于干重的70% ，脂肪约15%，且运动能力较弱，易于捕食，构成了淞江鲈仔稚鱼期重要的饵料基础。此外，沙蚕、蟹类幼体、钩虾等，也是淞江鲈喜食饵料匮乏时的补充饵料。

分析淞江鲈栖息水域的饵料基础和食谱可以发现，淞江鲈喜食的食物多属于甲壳动物。甲壳动物是水域动物的重要门类，为甲壳动物纲，隶属于节肢动物门。该类动物体表都具有甲壳，为几丁质的外壳。它们大多数生活在海洋中，少数生活在淡水水域，也有的生活在陆地上。

淞江鲈以水生甲壳动物为主要食物，不能不说是一个十分聪明的选择，因为，甲壳动物的特点是营养既丰富又全面，换句话说，即使单独食用它们也不会有患营养缺乏症之忧。

图 3-4 河虾(上海科技馆供图)

第二节 捕食技巧

淞江鲈的摄食活动主要发生在夜晚，而且采取伏击方式捕食猎物。

在浮游生活期，淞江鲈的捕食对象主要是周围分布均匀的浮游动物，捕食没有十分明显的特点。转底栖后，淞江鲈的体色会根据周围环境而发生变化，形成保护色，掩蔽自己以不被猎物发现。在我们已有的观察中发现，淞江鲈的体表可发育出几种花纹，如土黄色、灰色、黑白花色等，就像"迷彩服"一般，这也有躲避天敌、免遭袭击的功能。

淞江鲈转底栖后的初期，其个体还相对较小，游动能力有限，单个个体很难捕捉到活动能力较强的猎物。在人工养殖条件下，有时可以观察到淞江鲈小鱼三五成群，齐心协力围捕猎物鱼的

图 3-5 向底栖生活过渡(崔滢供图)

场景。首先淞江鲈小鱼群会选好目标，将猎物鱼驱赶到角落，接着是处于最佳伏击位置的淞江鲈首先发起攻击，一般向猎物鱼的尾部进行攻击，攻击失败后，会有同伴进行接力，直至猎物鱼筋疲力尽，成为它们的美餐。

到了淞江鲈幼鱼和成鱼期，它们喜欢生活在水质清新、饵料生物丰富、带微流水、水深且隐蔽性好的场所。多选择石砾或贝壳成堆环境筑巢并在其中伏击饵料生物。成体则很少见到集群捕食的现象。

作为肉食性物种，淞江鲈成体具有较强的抗饥饿的本能。在人工控制条件下，可见到淞江鲈吃一餐度多日的现象。工作人员曾经在一次不经意的操作中，有个意外的收获：几尾淞江鲈被放在一个塑料箱中，数月未被投喂饵料，仍然存活良好，活泼健壮。说明淞江鲈在不能正常摄食其喜食的饵料时，仍然有办法保持生命力。较强的耐饥饿能力，是淞江鲈物种进化的重要选择策略。

图 3-6　捕食卤虫(上海科技馆供图)

图 3-7　淞江鲈幼鱼捕食河虾(崔滢供图)

第四章 淞江鲈之繁殖

第一节　布置婚房和恋爱生子

淞江鲈的繁殖盛季是每年的2~3月份，但是，繁殖的准备工作则从上年的11~12月份就开始了。秋风送爽，天气转凉时，雄鱼作为先遣队，要先行起群洄游，来到繁殖场，这其中的原因尚无人知晓。或许是因为它们更加强壮，需要先行查看沿途道路安全与否；或许是它们心情过于急迫，想早些回归自己的出生故土；再或许是为了“筑巢引凤”——在出生地物色并抢占婚房，坐等雌鱼的到来。

来到繁殖场的淞江鲈雄鱼，在布满洞穴的环境中寻来寻去，时而钻进去，打几个转，似乎在测试空间大小；时而钻出来，绕着洞穴打转，似乎在查看位置是否合适，巡视周边是否安全。经过几番探寻，雄鱼会在某一洞穴处停下来，用其宽阔的胸鳍等，里里外外打扫一番，之后，便悠闲自得地躲在里面，应该是在等待雌鱼的到来。

当雌鱼到达繁育场，与雄鱼会合，“相亲大会”就此开始。雄鱼守候在婚房外，挑选着合适的对象，雌鱼在附近游来游去，在寻觅心仪的住房和主人。观者可见：一雌一雄一番低语后双双步入洞房；两条鱼尾在悠闲自在地摆动；一雌游来，两雄上前迎接，雌鱼不知所措，很难决定投向谁的怀抱，两雄见雌鱼犹豫之状，难免一番恶斗，胜者带着雌鱼进入洞房，败者扫兴而去，另寻新欢，或者抑郁而终。

一般而言，雌鱼往往会看上体格健壮的雄鱼，往往会选择宽敞的洞穴。

期盼已久的雄鱼终于等到了新娘的到来，它们会厮守在一起，共同见证它们的“爱情结晶”。在这期间，雌鱼由于肚子很大，出行不方便，雄鱼会细心照料。雄鱼除了要防范其他雄鱼的骚扰以外，还需要协助雌鱼顺产。它们会成双成对地在一起嬉戏追逐，让雌鱼多一些产前运动，使雌鱼在产卵的过程中更加有力量。

在雌鱼产卵之前，雄鱼一般不会再邀请其他雌鱼进入洞穴。当前一条雌鱼产卵结束游出洞穴后，可能会有另外的雌鱼进入洞穴。这个时候，就要看雄鱼的态度了，很多雄鱼是不愿意再结新欢的，但也有花心的雄鱼，会出现“婚外情”和“一夫多妻”现象。人工繁殖过程中一个产卵巢中有多窝卵块的现象可予以佐证。

淞江鲈繁殖过程中的雌雄比例会对其产卵产生一定的影响。实验表明雄性个体占的比例越大，其产卵率越高。雄性个体比例越大，雄性个体间的争斗也就越厉害，争斗一方面是为了争夺洞穴、争夺配偶，但另一方面可以更好地保护雌性，从而确保雌性具有更高的产卵率。在自然种群调查中，我们发现雄性个体一般比雌性个体略多，人工实验所得到的规律跟自然种群中的参与繁殖的雌雄比正好吻合。

图 4-1　大腹便便的雌鱼(崔滢供图)

第二节　父亲的守望

淞江鲈雌鱼产卵结束后，由于消耗了大量的体力，急需进行产后恢复，它们很快就会离开自己的宝宝，出去觅食、散心，接下来所有的工作全由淞江鲈爸爸完成。

淞江鲈爸爸不仅仅要照顾好自己的妻子，帮助她恢复，还要紧紧地看护好即将出生的宝宝，避免它们的天敌前来偷袭，还要为宝宝们创造一个良好的孵化环境。它们需要时时刻刻用“大蒲扇”一样的胸鳍扇动水体，在洞穴内形成一股微水流，带走宝宝们排泄的废

图 4-2　雌鱼（左）与雄鱼（右）（崔滢供图）

图 4-3 守望(崔滢供图)

物,好让孩子们时刻拥有充足的养分和清新的水质。

在发育的过程中,有些卵由于没有受精或者受到伤害而导致夭折,受损害的卵会腐烂、发霉,进而会影响其他受精卵的正常发育。在这个时候,“超级奶爸”就会用胸鳍扇动水流,通过水流去除部分黏性不强的废物。如果有些坏卵黏性很强,“超级奶爸”就会把坏卵吃掉——真是为了孩子,什么事都愿意做!

同时,“超级奶爸”还需要随时了解和掌握宝宝们的胚胎发育情况,以便采取相应的措施来处理。在宝宝们即将破膜而出的时刻,“超级奶爸”上述无微不至的守护尤显重要。淞江鲈每年冬春入海繁殖,属冷水性鱼类。与暖水性的鱼不一样,它们是在较低的水温环境中繁殖的,胚胎发育持续时间较长。所以,雄鱼的看护任务非常繁重,要历时一个月左右的时间。这期间,任何的闪失都会导致未来宝宝的夭亡,不得有丝毫的懈怠。

一般来说淞江鲈雌鱼在洄游和怀卵的过程中消耗了大量的能量,肌肉和肝脏中的营养物质被大量转移到鱼卵当中，到卵发育到成熟阶段，雌鱼腹部两侧明显突出，卵的体积占到整个身体1/3以上，身体上几乎没有肌肉，故产卵结束后，雌鱼就是真正的皮包骨，非常脆弱。再加上一般在洞穴里面产卵，排卵时身体与洞穴摩擦，非常容易受伤，所以产卵结束后的雌鱼死亡率非常高，大部分在一个星期内会死亡。

雄鱼虽没有经历孕育鱼卵、产卵等大量的消耗，但在选择和守卫洞穴、两雄争斗、为雌鱼助产、守护受精卵和清洁环境的过程中，也消耗了较多的能量，因此有的会在默默的守护中悄悄离世，没有能看到孩子的出生，有的会在迎接小生命诞生之时，依依不舍地辞世，也有的则在完成看护后，卸掉大任，在看着孩子们快快乐乐成长中慢慢恢复体力，存活下来。

图 4-4　产后亲鱼(上海科技馆供图)

第三节　多 子 多 福

不同鱼类的怀卵量差异较大，如人们常见的四大家鱼（青鱼、草鱼、鲢鱼、鳙鱼）成体的怀卵量都在几十万粒到几百万粒，而且随着成体体重增加而相应地增加。

相对而言，淞江鲈是一种怀卵量偏低的鱼类，一般在5000~10 000粒，也有达12 800粒的记录，总体上不到四大家鱼的百分之一。2008年，我们统计了人工养殖的淞江鲈怀卵量，平均为4888粒。由此可见，淞江鲈属于繁殖力较低的鱼类。

淞江鲈卵的数量虽少，却有分批产卵的现象，这已在对自然界中野生个体的调查中得到证实，在人工养殖的过程中也经常发现。为什么会出现分批产卵的现象呢？我们可以大胆地进行猜测：其一，淞江鲈卵的发育是分批次发

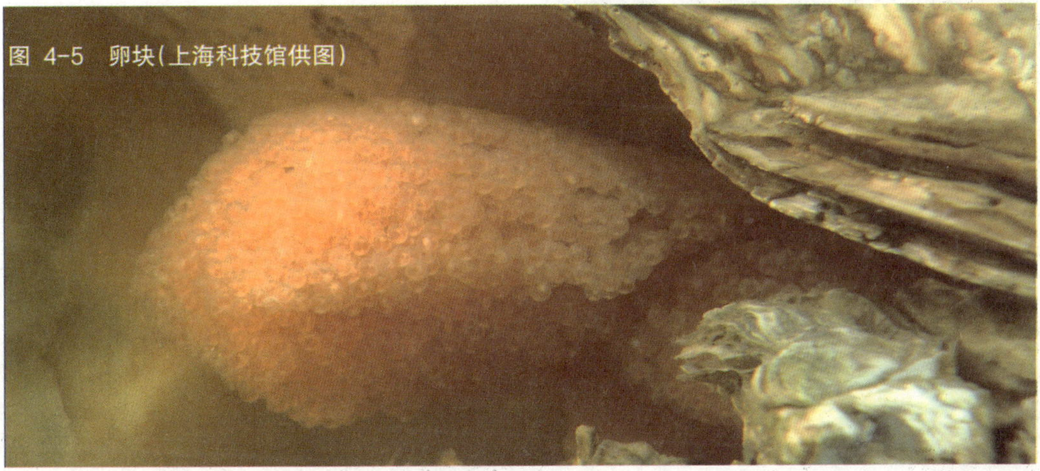

图 4-5　卵块（上海科技馆供图）

育的，大部分的卵先行发育成熟，在适宜的条件下便产出，还有一部分卵的发育较慢，在首批卵产卵结束后，一般再经过10~15天的发育，开始二次产卵。这一假设在许多一次性产完卵的淞江鲈中得到了证实，我们经常会发现这些卵块中最后产出的卵由于未发育到成熟期，因而不能受精，成为死卵。其二，淞江鲈分批产卵是适应环境的长期进化的结果。淞江鲈本身产卵量少，将卵分为两次产出，可以尽可能地降低风险，躲避敌害生物对卵的破坏，减少幼苗同时孵化对环境中饵料的需求压力，可以更好地适应恶劣的外部环境。

淞江鲈的卵颜色鲜艳多样，有红色、橘红色、橘黄色、淡黄色等。在自然洞穴和人工洞穴中，我们经常发现几种颜色的卵叠加在一起，形成一大块绚丽多彩的卵块。

淞江鲈的受精卵黏性很强，卵径1毫米，原生质集中于动物极。植物极除含卵黄粒外，尚含有一定数量的大小不等的透明油球。淞江鲈具有杜父鱼科鱼类胚胎发育的典型特征，其卵裂和囊

图 4-6 呼之欲出的淞江鲈幼苗

（上海科技馆供图）

胚阶段与鲤科鱼类相似，但原肠胚以后因卵黄丰富，原生质含量较少，其发育和鲤科鱼类有着明显的差别。由于卵黄丰富，胚盘下包缓慢，因而在原肠胚还未结束时胚体已形成，胚孔封闭期脑泡即已开始分化，眼泡亦已明显，尾芽期的脑泡已明显分化为前脑、中脑和后脑三部分，耳囊明显。淞江鲈在早春繁殖，水温4~5℃，因而孵化期延长，仔鱼须经约30天才能出膜。初出膜的仔鱼发育比较完善，循环系统业已成形。在胚胎发育过程中，卵黄囊内的油球逐渐减少，出膜时仅留有一个透明的油球。

刚孵化出来的仔鱼全长5.3~6.3毫米，眼径0.32~0.46毫米，耳囊0.27~0.41毫米，卵黄囊多数呈梨形，前部大于后部，少数呈圆形，长1.37~1.75毫米，高0.94~1.37毫米。单个透明的油球位于卵黄囊的前方；肌节36~40对，少数可达43对；口前位，下颌稍突出，能间歇颤动。鳃弓外有膜质鳃盖覆盖；背鳍、臀鳍和尾鳍鳍褶呈薄膜状，背鳍鳍褶始于耳囊后方，尾鳍鳍褶内有放射纹，胸鳍呈扇状。在卵黄囊的背面有明显的肝

图 4-7 蜂拥而出的仔鱼

（崔滢供图）

脏，胆囊无色或稍呈绿色。胸鳍至肛门的腹部两侧有两行星状的黑色素细胞，卵黄囊的腹面及后部也有少数黑色素细胞[10]。

孵化后1天的仔鱼，胆囊呈鲜明的绿色，肌节循环开始。孵化后3天的仔鱼，尾部在一肌节下方出现少量黑色素细胞；鳃盖骨形成，鳃弓上出现鳃丝；肛门已穿通，见有粪便排出。孵化后5天的仔鱼，卵黄囊变细长，从胸鳍至耳囊前方出现黑色素细胞；鳃耙形成，鳃膜中出现鳃条骨；脊索由脊椎骨所包围，呈现分节现象。上下颌有排列不规则的小齿数个。孵化后7~8天的仔鱼，肝脏插入卵黄的中央，使卵黄囊呈哑铃状；有些仔鱼的卵黄囊明显缩小，略呈圆形。孵化后14天的仔鱼，全长1厘米，上下颌小齿数目增多，尾部开始出现骨质鳍条，卵黄囊消失。由于淞江鲈无鳔，在发育过程中亦未见鳔的原基出现[10]。

通过对淞江鲈仔鱼的消化道进行从口腔到尾部的连续切片，观察其消化道的组织学结构，发现孵化出膜后1天的淞江鲈仔鱼消化道没有畅通，消化道、咽喉与胃肠连接部封闭。消化道黏膜层较薄，没有明显的分层，组织结构简单，消化道皱壁下陷较浅。孵化出膜后2天的淞江鲈仔鱼消化道状况与出膜后1天的无差异。孵出1~2天内，淞江鲈仔鱼的消化道才完全畅通，但消化道黏膜层结构较简单，其消化道皱壁仅初具雏形，此时口径平均大小为0.38毫米，已能主动摄食。

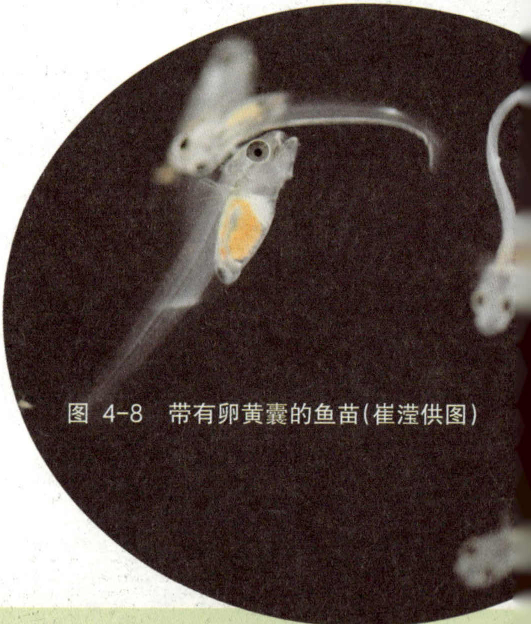

图 4-8　带有卵黄囊的鱼苗(崔滢供图)

第五章 淞江鲈之趣事

第一节　张翰思乡，为美食而弃官

大凡说起淞江鲈，人们都会想起《晋书·张翰传》里的一个故事。话说张翰在洛阳为官，见秋风萧瑟，便想起了家乡吴地的雉尾莼和四鳃鲈，无法抵挡用它们烹制的莼羹、鲈脍之美味的诱惑，便擅自离职回乡了。他还写下了一首《秋风歌》，来抒发对家乡的思念之情："秋风起兮佳景时，吴江水兮鲈正肥。三千里兮家来归，恨难得兮仰天悲。"在此之后，历朝历代的文人墨客便开始用"莼鲈"来抒发思乡之情或归隐之意，四鳃鲈和莼菜也被诗人词客缀入诗行曲拍，流传千古。

莼鲈之思、秋思莼鲈与莼羹鲈脍这几个词语的狭义解释都是对张翰思故乡的写照，而广义的解释则是形容不追名逐利，凡事顺其自然，或是用以形容对家乡的思念之情。

此后，每每到了天高气爽、秋风送凉之时节，亦或遇到仕途不顺、内心纠

图 5-1　张翰思乡

结之境况，在外奔波的人们不禁会想起家乡，学着当年张翰的样子，借莼菜羹、鲈鱼脍来寄托思念故乡之情意，纾解淤积内心之愁闷。

这里的鲈鱼便是本书中所述的淞江鲈，脍是切得很细的肉。莼菜(*Brasenia schreberi* J. F. Gmel.)则是一种多年生水生宿根草本植物，别名马蹄菜、湖菜等。它适宜生长在清水环境中，这一点与淞江鲈的喜好相似。它的叶子椭圆形，深绿色，长6~10厘米，互生，每节1~2片；叶子浮生在水面，或者沉在水中；嫩叶可供食用，也是莼菜羹的食材部分。莼菜本身没有味道，但口感滑嫩、鲜美，并且含有丰富的营养，特别是每年10月下旬采摘带有卷叶的嫩梢。此季与淞江鲈肥硕季相吻合。

知识驿站

张翰其人其事

张翰，西晋文学家，字季鹰，吴郡(治今江苏苏州)人。张翰是个才子，诗书俱佳，写江南的菜花，有“黄花如散金”之句，李白很佩服他，写诗称赞：“张翰黄金句，风流五百年。”不过，张翰留名于世，还是因为“莼鲈之思”，这是借他因思念家乡美味而从洛阳弃官归乡的典故来表达的思乡之情或归隐之意。

张翰曾多年在洛阳为官，任齐王司马冏的属官。因官职不高，难以施展抱负，又因官府里诸事繁杂，颇多不顺心之处，加之预见到司马冏将要垮台，怕牵涉到自己，就想避祸退隐。他对天下战乱纷纷、祸事不断之担心和想离开官场、退隐山林的想法，也曾对他人说过，但一直没能作出最后决定，因为对于官场之人来说，放弃功名利禄并非易事。恰到一年秋天，秋风阵阵，一种强烈的思乡之情油然而生，张翰于是借口思念家乡的莼菜羹、鲈鱼脍之美味，毅然弃官归隐。

而在张翰弃官归乡后不久，齐王司马冏便因谋反被杀，他手下的很多人都受到了牵连，也有很多人还丢掉了性命，只有张翰因弃官而幸免，人们便称赞他有先见之明，也就留下了这段佳话。

第二节　曹操宴客，无松江四鳃鲈不成席

据《搜神记》和《后汉书》记载，一日曹操在许昌大宴群臣，曹操说："今日宾客满座，满桌的山珍海味，遗憾的是唯独缺少松江四鳃鲈。"这时曹操手下有名叫左慈的术士答道："这有何难，看我给丞相钓来。"应左慈要求，曹操马上命人取来铜盆，并装上清水。这时，左慈给一根竹子钓鱼竿装上鱼饵，投入在铜盆中作钓，过了一会儿，一条活蹦乱跳松江四鳃鲈便从盆中钓了出来。曹操鼓掌大笑，非常高兴，说道："一条鱼不能大家都一起吃啊，可以再钓几条来吗？"左慈换了下鱼饵后便把钩子重新沉入盆底，一会儿又钓了一条，曹操大悦。曹操又说："相传松江四鳃鲈必须配上川蜀的紫芽姜方为佳品，可惜现在没有蜀国的紫芽姜，左慈说这个也容易，便取来金盆，盖上衣服，顷刻间，一盆紫芽姜便送到了曹操面前。于是，松江四鳃鲈与紫芽姜同烧后食用。这个故事后来被编进《三国演义》，成为妇孺皆知。配紫芽姜也就成了淞江鲈的一种经典吃法。

图 5-2　左慈钓鲈

第三节 乾隆下江南，为吃四鳃鲈惹上官司

有一年，乾隆皇帝下江南微服出访，路过秀野桥时，他听说这里的四鳃鲈很好吃，便跑到桥头的那个鱼行里要买鱼。老板没认出是乾隆，说鱼已经卖完了。

“那儿的竹篓里不是有好几条吗?”乾隆的护卫甘凤池问。

“那是松江府台老爷订下给少爷吃的。”老板说。

乾隆一听很生气，心想我身为一国之君想吃四鳃鲈也吃不着，而他小小府台的儿子竟被照料得如此周全，不是欺人太甚吗？便上前和老板吵起来。不料这时府台的少爷正在店里喝酒，他听见争吵便冲了出来，不问情由，动手就打。

甘凤池迎上去，没几个回合就将他打死了。这下乾隆犯了人命案，府台派兵将他和甘凤池抓了起来，关进大牢，准备审过之后处死。

甘凤池是个武功高强的护卫，他能飞檐走壁，乾隆于是派他只身逃出牢房去找嘉兴府台。嘉兴府台得到消息后，连夜赶到松江，向松江府台说明情况。这时松江府台才知道自己闯下了大祸。

乾隆被放出来后，还是想吃四鳃鲈，而且这次不但自己要吃，还要带回去给皇后尝尝。可是那鱼怎么能活着带回京城呢？他派人弄来些砻糠装在一个木盒里，再将鱼放在砻糠中，这一着果然灵，鱼到了京城还活着。从此，秀野桥下的四鳃鲈也变了，捉起来再放在水里倒养不活了，放在砻糠里反而能活好长时间。

《乾隆下江南》第一册第12回记载：

朕昨到松江欲尝四鳃鲈鱼，几为伦

尚志父子所害，该员性极贪鄙，鱼肉子民，朕已令姚磷等于救驾出去之时，将其父子杀却，此案即可注销，毋庸追究，差来海波庄人马，火速调回。知照刘墉等不得归罪姚磷之父，朕日内亦将往别处游行，卿宜照常办事，不必前来见朕，以避传扬。钦此。

乾隆皇帝吃罢四鳃鲈，被其美味所打动，赐“江南第一名鱼”之美名，这堪称封建时代最有轰动效应的“御制”广告词，松江四鳃鲈也就身价百倍了，影响也越来越大，松江官员每年都要增加四鳃鲈的进贡数量，优先满足皇室贵族的需求。

图 5-3 “江南第一名鱼”(崔滢供图)

第六章　淞江鲈之保护

第一节　现存种群

淞江鲈虽然与吴淞江有关，却不局限于吴淞江，它在中国东部沿海的许多区域都有分布，甚至在日本和朝鲜半岛也有分布。不过，目前淞江鲈只在中国受到重点保护。根据调查，在中国境内，淞江鲈在北起鸭绿江—黄海海区，经秦皇岛—渤海海区和黄河—黄海海区，南到钱塘江—东海海区的广大沿海地区，至今仍有一定的自然种群的分布。几个地理种群中，要数鸭绿江—黄海海区的种群规模最大，在每年9~11月的生殖洄游期间，依然可见降海产卵的淞江鲈成体。黄河河口的淞江鲈种群也于近年被发现，存在于附近的山东省垦利县和文登市。秦皇岛—渤海海区的淞江鲈群

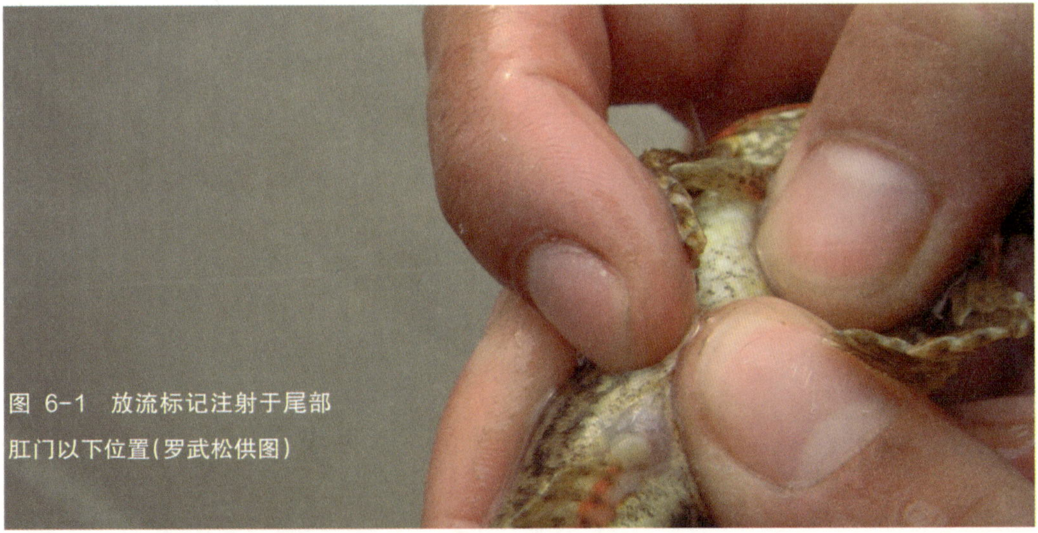

图 6-1　放流标记注射于尾部肛门以下位置（罗武松供图）

图 6-2　淞江鲈幼鱼(夏建宏供图)

体也有一定的数量，已有当地的科研机构对该种群开展了人工育苗的研究。最近几年，在钱塘江流域也依稀可见淞江鲈的踪影。每年6月初，体长5厘米左右的幼鱼会上溯到富春江段生长、育肥；到了10月下旬，又顺江而下到钱塘江河口，降海洄游持续到来年1月份。洄游时，也是雄鱼先于雌鱼启程，而后雌鱼比例逐渐增多[11]。

中国沿海至今依然存在少量淞江鲈的野生种群，这给该物种的保护和恢复带来了希望。然而，在关于淞江鲈的文化积淀最深、淞江鲈的知名度最高的地区——吴淞江流域，包括上海地区的通海河流，野生的淞江鲈却消失了，这不免令人痛惜。

第二节　贯通生命线

野生淞江鲈在吴淞江流域绝迹，原因是多方面的。随着人类生产、生活强度的增加，原本适合淞江鲈生长、生活、繁殖的栖息环境不断退化和萎缩，以致淞江鲈的生存空间越来越小。不过最致命的，恐怕是洄游通道的阻断。淞江鲈作为一种河海洄游性鱼类，在降海过程中性腺必须逐渐成熟，进而到离河口不远的近海顺利产卵、孵化；来年春天，年轻的一代又必须从出生地溯河而上，在河流或湖泊生长、发育。然而，最近几十年来，为了水利和防汛的需要，河流上建起了越来越多的堤坝和水闸，淞江鲈正常的生活进程因此被活生生地掐断。加上淞江鲈是一年生的物种，亲鱼当年就要死去，如果亲鱼当年不能正常繁殖，而来年又没有新生种群补充，该鱼马上就会在当地水域绝迹。对淞江鲈这样的洄游鱼类而言，阻断了河道就意味着掐断了生命线。

因此，为了更好地保护淞江鲈，有必要将各种群的产卵场及其附近水域确立为淞江鲈的自然保护区，予以常年保护，或者在产卵场及其附近水域将每年的洄游季节设为禁渔期，并打开相邻河流的水闸。

图 6-3　苏州河上的水闸（夏建宏供图）

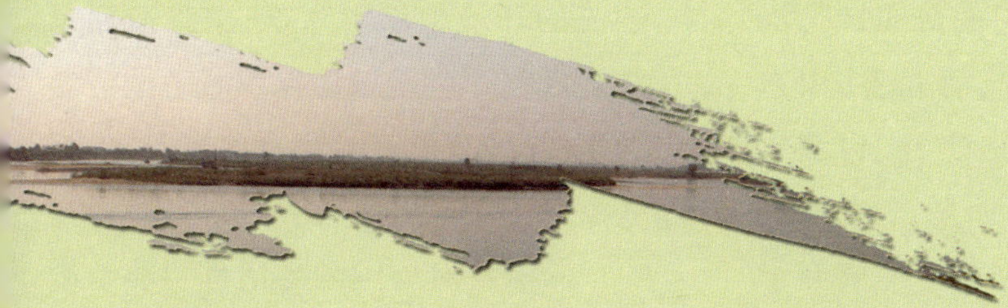

第七章　淞江鲈之追求

第一节　清洁栖身，不与污浊共存

淞江鲈原本是中国东南沿海广为分布的普生性物种，它的分布区可涵盖7省2市，即辽宁省、河北省、山东省、江苏省、浙江省、福建省、台湾省和天津市、上海市。而随着生境变迁、环境污染，淞江鲈不得不放弃了大部分原有的栖息地，自然种群遭到严重破坏，仅维持着几个相互隔离的地方种群，沦为一个濒危物种。究其原因，环境的污染首当其冲。

淞江鲈生性喜欢清洁，它所生活的水域，一般要求达到国家地表水Ⅱ类水质标准，其指标见表7-1。

而现实告诉我们，在淞江鲈的原有栖息地，水质污染显而易见，大部分水域已经无法达到Ⅱ类水质标准，难保Ⅲ类水质，甚至已经是Ⅳ类和Ⅴ类水，更严重的污染水域已经是劣Ⅴ类水。

喜欢清洁的淞江鲈，不愿在浑水浊流的环境中郁郁寡欢，宁肯避而远之。好在一些水域还保留着一些清澈的水体，使得淞江鲈仍有些容身之地，才不至于走向灭绝，这是值得庆幸的。

淞江鲈对周围的生活环境非常敏感，可用来作为衡量环境质量的一根指针和一把标尺。在有淞江鲈栖息的水域中，其环境的优良等级无须争辩。

2008年，复旦大学淞江鲈项目组文登埠口救护站首次参与组织了向自然水域增殖放流淞江鲈的工程。当时的文登市市委书记在活动致辞中提到：我们文登市的经济发展没有落后，在全国百强之列，并且，我们在发展经济的同时，环境也仍然保持得很好，淞江鲈的存在就是最好的证明——她的自豪感溢于言表。在场人员听后无不心服口服。不单单是文登

表 7-1　中国国家地表水Ⅱ类水质指标

分类项目	指标值	分类项目	指标值
水温(℃)	人为造成的环境水温变化应限制在: 周平均最大温升≤1 周平均最大温降≤2	硒≤	0.01
pH	6~9	砷≤	0.05
溶解氧≥	6	汞≤	0.000 05
高锰酸盐指数≤	4	镉≤	0.005
化学需氧量(COD)≤	15	铬(六价)≤	0.05
五日生化需氧量(BOD5)≤	3	铅≤	0.01
氨氮(NH_3-N)≤	0.5	氰化物≤	0.05
总磷(以P计)≤	0.1(湖、库0.025)	挥发酚≤	0.002
总氮(湖库,以N计)≤	0.5	石油类≤	0.05
铜≤	1.0	阴离子表面活性剂≤	0.2
锌≤	1.0	硫化物≤	0.1
氟化物(以F-计)≤	1.0	粪大肠菌群(个/L)≤	2000

市,在全国淞江鲈现有的栖息地,当地的政府和当地人民,都应该有同样的自豪。

吴淞江孕育了淞江鲈,但在其上海段的苏州河中,现在却已无淞江鲈的身影。快速发展的大上海,凭借其强大的经济实力,成为中国的经济中心。但是,令人遗憾的是,发展给环境造成的干扰、对环境造成的污染,使得苏州河的土著鱼种纷纷离去。在上海人下决心整治苏州河的污染时,自然就想起了淞江鲈,并将其列为苏州河治理成功与否的标志生物之一。

在工业革命后的英国,曾经繁盛于泰晤士河的三文鱼经历了同淞江鲈一样的命运，从这条河流中消失了。“泰晤士河用了100年时间治理，才重新迎回了该流域的代表鱼——三文鱼。我们认为上海在充分吸取国内外经验的基础上，将蛙跃式前进，花费(泰晤士河治理)三分之一的时间就能完成苏州河的生态恢复。”上海市环境科学研究院副院长曹芦林教授在世界工程师大会——自然灾害防治与生态环境保护工程技术会议上，充满信心地向记者表示，二三十年后，苏州河将迎回其土著生态鱼种——淞江鲈。这是对淞江鲈回归的期盼，淞江鲈回归苏州河，将是对上海人珍视环境的最大奖赏。只有在苏州河中发现了淞江鲈，才意味着苏州河的生态环境真正改造成功。

图 7-1　鸭绿江栖息地(罗武松供图)

第二节　独领风骚，社会变革的参与者与见证者

1972年2月，美国总统尼克松访华，在周恩来总理亲批的招待尼克松的国宴菜单中，就有松江四鳃鲈这一菜肴。松江四鳃鲈受到尼克松的高度赞誉。尼克松回国后，还在美国杂志上发表文章赞美中国松江鲈鱼之美，影响甚广。

1979年11月美国国务卿基辛格来到中国，时任国家副主席的荣毅仁设家宴欢迎基辛格等一行四人，主菜为一品大砂锅，锅内有四条松江四鳃鲈，全部夹给四位洋客人，基辛格品尝后觉得鲜嫩无比，高声说道："味道太美了！"

早在1926年4月29日，应国民政府邀请，松江的四鳃鲈、顾绣等地方特产被运往南京，去参加美国费城世界博览会[9]，广受世人关注。时隔84年，曾经在上海绝迹的四鳃鲈又一次登上历史舞台，在2010年上海世博会上再次与大众见面。2010年5月，淞江鲈作为上海的知名特产，在它的家乡迎接来自世界各地的尊贵客人，再度绽放光芒！

20世纪80年代末期，淞江鲈在其曾经繁盛的上海内河水系消失了，伴随了人们几千年的上海土著物种的消失，无疑给上海人一个警醒。

淞江鲈的有无，与能否继续进行针对它的科学研究关系密切。在失去淞江鲈的日子里，科技工作者开始思考：淞江鲈到底还有没有了？如果有，在哪里还有？于是，一个大规模的寻找淞江鲈足迹的调查开始了。从2000年开始，由复旦大学生命科学学院发起的寻找淞江鲈足迹的队伍，寻遍了历史上曾有淞江鲈分布的6省（辽宁、河北、山东、江苏、浙江、福建）和2市

（上海、天津）。功夫不负苦心人，终于在辽宁的鸭绿江、山东的青龙河找到了两个地方种群；2002年，又在浙江的富春江段找到了另一个地方种群。至此，淞江鲈在中国的分布已被圈定在这三省境内。

找到淞江鲈自然种群的随后几年，复旦大学淞江鲈课题组联合兄弟单位，开始了淞江鲈人工条件下繁殖的技术攻关。到2003年年底，基本攻克了批量生产淞江鲈水花鱼苗的技术难关，当年生产水花鱼苗16.3万尾，开创了历史先河。2008年，淞江鲈苗种繁殖与培育、成鱼工厂化养殖技术成果转化宣告成功，使得淞江鲈的产业化有了技术保障；同年，模拟自然生境的淞江鲈繁养系统建立。2010年，人工养殖的淞江鲈F_2被批准进入市场销售，久违的淞江鲈又回到了百姓之家。

经过科技工作者的不懈努力，2013年，长江口淞江鲈人工种群建群完成。数万尾淞江鲈鱼种与成鱼，被增殖放流至长江口等自然水域，自然种群的修复工程将助推这个物种在自然界的繁盛。

淞江鲈这个国家二级保护濒危动物在人工控制条件下，年复一年，繁衍生息，再难离去。这是科技拯救濒危物种的一个成功范例。

图 7-2　2013年在长江口放流淞江鲈成鱼（崔滢供图）

第八章　淞江鲈之文化

第一节　关于淞江鲈的诗词

古往今来，淞江鲈一直为世人津津乐道。“左慈钓鲈”的传说反映了淞江鲈的地域特征，而“莼鲈之思”的典故又突出了这种鱼的季节属性。此后，淞江鲈的这两重属性历经各朝各代文人作品的刻画和传播而不断得到强化。

正是“左慈钓鲈”和“莼鲈之思”这两则故事，给淞江鲈绘上了奇幻色彩，注入了人文之情，以致淞江鲈一直是中国古代士大夫讴歌的对象。然而，由于偏好写意或意境，古代文人对淞江鲈的描述未必精确。从字面上看，“淞江鲈”也可以理解成“吴淞江流域的鲈鱼”。到了宋代，有关“四鳃鲈”的称呼逐渐增多，这些“四鳃鲈”与现代意义上的“淞江鲈”可视作同一物种。南宋著名文人范成大对淞江鲈情有独钟，而且称得上是别有一番研究。他在《吴郡志》中对“四鳃鲈”有过专门的辨析：“鲈鱼，生松江（即吴淞江），尤宜脍。洁白松软，又不腥，在诸鱼之上。江与太湖相接，湖中亦有鲈。俗传江鱼四鳃，湖鱼止三鳃，味辄不及。秋初鱼出，吴中有好事者竞买之，或有游松江就脍之者。”这段文字指出了两个关键词：吴淞江特有的一种鲈鱼有“四鳃”，而且这种鱼在“秋天”大量出现。这与淞江鲈降海生殖洄游习性暗合，此时的淞江鲈已经性成熟，两侧鳃膜的橘红色斜纹已经出现。

范氏意犹未尽，又在自己的《晚春田园杂兴十二绝》里对这种鱼极尽赞美之能事：

细捣枨虀卖脍鱼，西风吹上四腮鲈。
雪松酥腻千丝缕，除却松江到处无。

同一时代的杨万里也以《松江鲈鱼》为题专门赋诗：

鲈出鲈卿芦叶前，垂虹亭上不论钱。
买来玉尺如何短，铸出银梭直是圆。
白质黑章三四点，细鳞巨口一双鲜。
秋风想见真风味，秖是春风已迥然。

与范成大、杨万里一样，陆游也是南宋四大中兴诗人之一，他在一首《秋日郊居》中也对四鳃鲈“垂涎三尺”：

车荡比邻例馈鱼，流涎对此四腮鲈。
北窗雨过凉如水，消得先生一醉无？

图 8-1　淞江鲈全貌（崔滢供图）

南宋诗人周弼在他的《浣沙秋日五首》中提到四鳃鲈可与青橘相配：

长江淡淡树疏疏，扫却闲庭即故居。
虫入暗床频促织，萤穿虚壁屡翻书。
破除暮色惟荒菊，荐送秋华有嫩蔬。
料得故园分社酒，小苞青橘四腮鲈。

南宋诗人叶茵也借“鲈”发挥，他在《鲈脍》中写道：

圉圉洞庭阴，西风苦不情。
堕罾云叶乱，落刃雪花明。
列俎移桃菊，香斋捣桂橙。
四腮传雅咏，巨口窃嘉名。
误上仙翁钓，羞陪虏使觥。
甘腴殊机肉，鲜脆厌侯鲭。
银鲫将同调，丝莼久共盟。
祗缘乡味重，自觉宦情轻。
风度偏宜酒，头颅尚可羹。
谪仙空汗漫，何处脍长鲸。

元代以来，吴淞江严重淤塞，江流变窄，甚至在江上建闸，导致淞江鲈洄游受阻，讴歌淞江鲈的诗句不断减少，以致明朝诗人陶安不禁在《过吴江》中发问：“人家住处近菰蒲，咫尺风涛隔太湖。暂泊征桡问渔父，如今可有四腮鲈？”到清末民初，淞江鲈以“江南第一名鱼”身份主要出现在达官贵人的宴会上，偶尔也出现在吴昌硕、金庸等大家的画作或小说中。

第二节　淞江鲈的文化属性

随着工业化的推进，吴淞江流域的来水量不断减少，河闸却在不断地增多，水质污染也愈演愈烈……渐渐地，淞江鲈变得不再那么常见了，淞江鲈文化也随之黯淡，到了20世纪80年代，淞江鲈在吴淞江流域已濒临绝迹。虽说古籍中有关松江鲈鱼的记载极其丰富，但其中有多少与现代意义的淞江鲈或者生物学意义上的淞江鲈相对应，已经很难考证了。不过，同一种鱼也好，不同种鱼也好，围绕着“淞江鲈”，总凝聚了丰富的中国文化元素，尤其是包括上海在内的吴淞江地域文化。这说明一个物种可以拥有生物学以外的深刻意义，这同样可以成为物种保护的一个充分理由！

图 8-2　畅游(崔滢供图)

后记

对淞江鲈的科学研究表明，吴淞江流域并不是淞江鲈的唯一产地，但从历史记载来看，淞江鲈文化应该发源并兴盛于这一流域，堪称吴文化的一个象征。吴淞江流域的先民曾经用一种叫做“扈”的竹制工具采捕淞江鲈，后来吴淞江下游的一个河段被称为“滬瀆”，而“滬”（简体字即“沪”）便被专门用来称呼吴淞江下游的一个地区，而那种竹制工具则被改称“簖”，并沿用至今。那个以“沪”命名的地区就是现在众所周知的上海。可见，淞江鲈与吴淞江畔的上海有着深厚的渊源。

然而最近30年，久负盛名的淞江鲈却淡出了上海人的视线，并一度在它的发祥地绝迹。而今，在科学技术的帮助下，淞江鲈的身影又回归故里，这其中积淀了几代人的梦想和努力。淞江鲈不仅关乎生命科学某一方面的发展，还关乎人类的历史、文化、经济、环境等问题，这些问题都有深入探讨的价值和空间。而对它们的探讨，也有赖于社会方方面面力量的支持和参与。淞江鲈的保护与回归，需要科学，也需要人文；需要科研，还需要科普。

本书比较系统地梳理了淞江鲈的历史资料和研究成果，从科学和人文两个层面，对淞江鲈的生活史、生态学、保护生物学以及地域文化等内容进行了相对完整的介绍。三位作者共同承担了本书内容和结构的策划，其中王金秋、罗武松主要承担了第一、二、三、四、五、七章的撰写，夏建宏承担了较多的组织工作，同时整理了第六、八两章，并对书中部分内容进行了通俗化。书中相当一部分的生态学、养殖学和保护生物学内容来自王、罗两位作者多年的研究、生产实践，是一手的、时新的淞江鲈知识。为了增加可读性，我们在写作过程中较多地回避了抽象的数字和符号，而且较多地进行了人文化、故事化的忠实转换，希望能够帮助读者轻松理解，进而欣赏这一“花脸”却又“低调”的小型鱼类。

一本科普图书的顺利出版，单凭作者自身的热情和兴趣是远远不够的，还需要来自方方面面的支持。作为《中国珍稀物种探秘丛书》之一，该书的出版得到了上海科普教育发展基金会、上海科技馆一如既往的支持。书稿撰写过程中，丛书主编王小明教授、副主编李伟先生多次关心书稿的撰写情况，并适时提出许多宝贵的修改意见。书稿初成，王小明教授还欣然为之作序，堪称画龙点睛。上海科技馆科学影视中心的科普同行们也以各种方式对本书的编写给予了支持，其中崔滢先生贡献了高质量的照片，这些照片画面清晰、内容生动，大大增加了本书的可看性。由于书稿的撰写基本是在业余时间完成的，作者照顾家人的时间明显减少，家人为此而额外承担了更多。本书得以清新的面目问世，也多亏上海科技教育出版社殷晓岚、王洋等编辑的尽心尽责和不厌其烦。作者对于上述机构和个人的热心帮助和倾力支持表示衷心的感谢！

虽说本书的三位作者都有着研究鱼类的经历，却依然无法尽述淞江鲈这一物种的精妙，加之成书时间紧迫，书中难免有不足之处。鉴于此，我们恳请广大读者批评指正。

复旦大学　王金秋

上海四鳃鲈水产科技发展有限公司　罗武松

上海科技馆　夏建宏

2015年7月

参考文献

[1] 何泉达.松江历史和松江府建置沿革述略. 史林,2001(4):49~58

[2] 贺国龙,刘丽鹤. 鱼类体色成因及其调控技术研究进展(上).水产科技情报,2010,37(2): 88~91

[3] 贺国龙,刘丽鹤. 鱼类体色成因及其调控技术研究进展(下).水产科技情报,2010,37(3):115~120,124

[4] 刘晓东,陈再忠.鱼类色素细胞及体色调控.水产科技情报,2008,35(1):13~17

[5] 邵炳绪,唐子英,孙帼英,邱郁春,邵贻钧,薛镇宇. 松江鲈鱼繁殖习性的调查研究.水产学报,1980,4(1):81~88

[6] 上海年鉴2013,上海概貌(五)水文(引自2014年4月14日).http://www.shanghai.gov.cn/shanghai/node2314/node24651/n32098/n32103/index.html

[7] 松江概览. 松江区政府网站 http://www.songjiang.gov.cn/website/pages/intro_85.htm?cid=85

[8] 苏州河的前世今生. http://www.pep.com.cn/czls/js/ztts/kg/201102/t20110214_1020408.htm

[9] 上海地方志,特色志,上海名镇志,旧府新城:松江镇—秀野桥下鲈鱼肥. http://www.shtong.gov.cn/newsite/node2/node71994/node72081/node72083/node72086/userobject1ai77581.html

[10] Naohiko Takeshita, Norio Onikura, Seiichi Matsui, Seiro Kimura. Embryonic, larval and juvenile development of the roughskin sculpin, *Trachidermus fasciatus*. *Ichthyological Research*, 1997,44(2~3):257~266

[11] 潘连德,蔡飞,马召腾,蒋鑫. 中国境内松江鲈鱼的种群特征以及资源保护.水产科技情报,2010,37(5):211~213

图书在版编目(CIP)数据

河海使者:淞江鲈/ 王金秋,罗武松,夏建宏编著. —上海:上海科技教育出版社,2015.10

ISBN 978-7-5428-6316-4

Ⅰ. ①河… Ⅱ. ①王… ②罗… ③夏… Ⅲ. ①淞江鲈—中国—普及读物 Ⅳ. ①Q959.46-49

中国版本图书馆CIP数据核字(2015)第29367号

丛书策划: 叶 剑 王世平
责任编辑: 王 洋
装帧设计: 杨 静

中国珍稀物种探秘丛书

河海使者——淞江鲈

王金秋 罗武松 夏建宏 编著

出版发行: 上海世纪出版股份有限公司
上 海 科 技 教 育 出 版 社
(上海市冠生园路393号 邮政编码200235)
网 址: www.ewen.co www.sste.com
经 销: 各地新华书店
印 刷: 上海中华印刷有限公司
开 本: 787×1092 1/24
字 数: 70 000
印 张: 3.5
版 次: 2015年10月第1版
印 次: 2015年10月第1次印刷
书 号: ISBN 978-7-5428-6316-4/Q·66
定 价: 32.00元